LE TRACÉ CENTRAL

DU

CHEMIN DE FER TRANS-SAHARIEN

Par le Général COLONIEU

*Membre de la Commission supérieure instituée au minis-
tère des travaux publics pour l'étude des questions relatives à la mise en communication par voie ferrée de
l'Algérie et du Sénégal avec l'intérieur du Soudan.*

LANGRES
IMPRIMERIE DE E. L'HUILLIER
1880

LE TRACÉ CENTRAL

DU CHEMIN DE FER TRANS-SAHARIEN

Par le Général COLONIEU.

LE TRACÉ CENTRAL

DU

CHEMIN DE FER TRANS-SAHARIEN

Par le Général COLONIEU

Membre de la Commission supérieure instituée au ministère des travaux publics pour l'étude des questions relatives à la mise en communication par voie ferrée de l'Algérie et du Sénégal avec l'intérieur du Soudan.

LANGRES

IMPRIMERIE DE E. L'HUILLIER

1880

LE TRACÉ CENTRAL

DU CHEMIN DE FER TRANS-SAHARIEN

Par le Général COLONIEU.

La première, la plus absolue des conditions que doit remplir la voie de pénétration du chemin de fer trans-saharien destiné à relier l'Algérie au Soudan, c'est la sécurité de son fonctionnement.

Nous devons sacrifier toutes les autres conditions à celle-là, et chercher avant tout la sécurité maximum. Sans elle, pas de confiance, et par suite pas de commerce sérieux et suivi, mais seulement un trafic courant des aventures et faisant entrer l'aléa de ses périls pour une large part dans les coéfficients de la spéculation.

Cette condition de sécurité maximum une fois remplie, restent à compléter celles du trafic le plus rémunérateur, de la construction de la voie la plus avantageuse, comme brièveté de trajet, nature du sol et facilités de raccordement avec les trois provinces.

Nous appelons voie de pénétration , celle·qui s'avancera dans le sud à partir de la dernière bifurcation la reliant à nos possessions ; la voie, désormais unique, qui n'aura plus à compter sur des attaches latérales, mais seulement sur son fonctionnement propre pour la protéger en avant.

C'est à cette voie de pénétration que nous devons assurer la plus grande sécurité possible sur le plus long trajet possible.

A la frontière occidentale de l'Algérie, l'insécurité existe déjà dans le Tell où nous sommes astreints à une grande vigilance. Cette absence de sécurité augmente à mesure que l'on s'avance dans le Sud, et à 200 kilomètres du littoral, la loi du plus fort est le seul Code que l'on puisse consulter avec efficacité.

A 100 kilomètres et au-delà, c'est-à-dire à partir du voisinage de Iche et Figuig, c'est plus que de l'insécurité, c'est le danger réel de tous les instants au milieu de populations fanatiques et haineuses, contre lesquelles nous n'avons aucun recours, aucun aide à invoquer. Un corps de troupes européennes nombreux n'a sans aucun doute rien à craindre de sérieux dans ces parages au point de vue de sa sûreté générale, mais il n'a rien à espérer de l'offensive parce que les moyens d'opération lui manqueront toujours.

Pour atteindre un ennemi aussi mobile, il faut lui opposer des forces aussi mobiles et même plus agiles que les siennes ; il faut le concours de tribus dévouées, de goums connaissant bien le pays, de guides habiles, intelligents, dévoués et pouvant nous conduire de jour et de nuit dans ces vastes espaces, il faut des transports nombreux, habitués aux steppes, etc.....; une force européenne, quelque considérable qu'elle soit, ressemblera, pour me servir d'une expression célèbre d'un grand capitaine, à un troupeau de bœufs cherchant à traquer un troupeau de gazelles. Les sahariens marocains ont des espaces immenses à leur service pour dérober leurs campements et leurs troupeaux à nos coups. Ils ont pour refuge tout un empire où ils seront reçus par les populations comme les défenseurs de l'islamisme poursuivis par les roumis, les chiens de chrétiens. Si même, par suite d'une pression diplomatique, le gouvernement marocain désavouait leurs méfaits, ce ne serait et ne pourrait être qu'un désaveu platonique, cortre lequel toutes les populations de cet empire protesteraient tacitement par leurs actes.

La frontière tunisienne ne nous offre guère de meilleures conditions; toutefois, le tracé oriental est assez éloigné de cette frontière, ce qui en atténue un peu les dangers. Mais la ligne projetée à l'Est de l'Algérie nous jette dans des périls d'un autre ordre et dont nous devons tenir grand compte. Le tracé traverse les bas-fonds pestilentiels de Tuggurt et d'Ouargla. En évitant l'extrême frontière tunisienne, nous tombons de Charybde en Scylla, nous fuyons un peu les pillards pour traverser sur plus de deux cent cinquante kilomètres, le pays malsain par excellence, le berceau de la Malaria, la contrée que les indigènes eux-mêmes fuient une partie de l'année pour ne pas succomber à ses miasmes délétères ; et c'est là, à Ouargla, que l'on veut établir la grande tête de ligne d'une voie commerciale, dans un pays que les naturels évacuent eux-mêmes tous les ans !

A côté de ces dangers si sérieux des deux frontières tunisienne et marocaine, il est un autre inconvénient qui a bien aussi son importance quoique à un moindre degré : son énoncé fera peut-être sourire nos lecteurs, mais cela ne nous empêchera pas de le signaler. Sur le tracé de la frontière marocaine comme sur celui de la province de Constantine nous aurons un fléau redoutable qu'il est impossible d'éviter, c'est le fléau des moustiques.

A l'Ouest, nous avons l'oued Namous (rivière aux moustiques) à parcourir. Evidemment ce ne sont pas ces insectes légers qui empêcheront la locomotive de courir, mais pour que les nomades aient donné un pareil nom à cet ancien lit de rivière, eux dont la peau peut défier bien des atteintes, il faut que dans toute cette région ces terribles pygmées ailés fassent sentir cruellement leur présence ; nos stations dans ces parages sont d'avance vouées au martyre à coup d'épingles.

Il en est de même à l'Est. A Tuggurt et à Ouargla, pendant la saison habitable, des nuées de moustiques microscopiques ne laissent de répit ni jour, ni nuit, et se font un passage à travers les moustiquaires les plus épaisses ; c'est un véritable supplice ; en rira qui voudra, j'en parle par expérience, ayant passé quinze jours d'hiver à Ouargla.

Mais laissons bourdonner les moustiques et reprenons la question de l'insécurité des frontières tunisienne et marocaine. Qu'il nous soit permis de citer une affirmation bien nette de M. le colonel de Polignac, à la 1ʳᵉ sous-commission, le 8 septembre 1879 (page 29 du procès-verbal de la séance) :

« 200 chevaux ou meharis boivent en maîtres à

« tous les points du désert touareg. C'est une vé-
« rité bien clairement démontrée par Clapperton. Il
« n'y a d'exception à ce principe que sur la *fron-*
« *tière saharienne des États de la Tunisie et du*
« *Maroc ;* là, dans un rayon de trois journées de
« marche, les caravanes peuvent être attaquées par
« un parti de 300 et même de 400 chevaux, mais le
« manque d'eau ne permet pas à cette cavalerie
« d'aller plus loin. »

Nous dirons plus, c'est que si une *caravane* peut
être attaquée par des partis de 3 à 400 chevaux,
un chemin de fer qui n'a pas la même facilité de
déplacement de ses stations, de ses approvisionnements, pourra être attaqué par des partis de 1,500
et jusqu' à 3,000 cavaliers, appuyés de pareil nombre au moins de fantassins. Il faut éventer la marche d'une caravane et se réunir rapidement pour
lui courir sus, tandis que l'attaque d'une station
peut être concertée à l'avance et grouper tous les
pillards à 100 lieues à la ronde.

Nous n'avons pas besoin de remonter bien loin
dans le passé pour démontrer les dangers de nos
frontières marocaines et tunisiennes, il nous suffit
de rappeler qu'il n'y a guère plus de quelques mois,
un convoi de voitures du train des équipages a été
attaqué et pillé à 6 lieues de Sebdou et que deux
conducteurs ont été tués.

Sur la frontière tunisienne, vers la même épo
que, un détachement de spahis gardes-frontières a
été culbuté par des pillards ; le chef de ce détachement et un spahis ont été tués. Voilà ce qui a eu
lieu dans le Tell à coté de nos villes frontières ;
mais dans le sud c'est bien plus accentué. Depuis

1864 des partis rebelles de nos administrés réfugiés chez les nomades marocains peuvent en toute sécurité organiser des bandes nombreuses se chiffrant par plusieurs milliers d'hommes et venir massacrer et piller nos tribus fidèles, sans que le Maroc ait jamais pu nous donner d'autre satisfaction que nous laisser user de représailles.

L'autorité de S. M. Schérifienne et du Bey de Tunis, dans le sud de leurs états, n'est que nominale ou plutôt de convenance, de bienséance politique. Les nomades, divisés comme ils le sont, éparpillés, ne peuvent prétendre à une autonomie indépendante ouverte, dont ils sentent le ridicule.

D'un autre côté, l'Empereur du Maroc et le Bey de Tunis ne peuvent admettre ostensiblement que ces nomades sont totalement étrangers à leur domination ; ce serait un aveu d'impuissance.

De cet état de choses est né *ipso facto* une espèce de compromis tacite, aujourd'hui séculaire, consistant dans une vassalité nominale des nomades, qui ne se traduit qu'en paroles ou par lettres ; au Maroc, cependant, les nomades envoient généralement au Sultan un cadeau à titre religieux, mais c'est tout. C'est le denier religieux au patriarche musulman.

Pour astreindre ces nomades à un impôt, les Souverains de Fez et de Tunis emploient un procédé que nous avons trouvé et mis en pratique dans la Régence d'Alger, à l'époque de la conquête ; c'est le hack et tenia, le péage du défilé.

Tous les ans les tribus sahariennes, tribus de pasteurs, viennent obligatoirement dans le Tell faire des achats de grains pour leur subsistance. Leurs longues caravanes de chameaux ne sont admises à franchir les passages de l'Atlas qui relient le Sahara au Tell qu'à la condition de payer un droit dit hack et tenaïa (droit des défilés), pour pouvoir venir s'approvisionner. Ces droits sont perçus encore en Tunisie et au Maroc. L'institution ancienne de cette mesure douanière constitue une ligne de démarcation politique, et prouve surabondamment que le Maroc et la Tunisie ne considèrent pas les tribus sahariennes de leurs états comme des sujets, mais comme des voisins tributaires des produits de leurs états, tributaires involontaires que la nécessité seule de leur alimentation amène à payer le passage des défilés. La meilleure preuve de ce que nous avançons, c'est que lorsque les Sahariens tunisiens ou marocains trouvent avantage à venir s'approvisionner chez nous, ils ne s'en font pas faute, et évitent ainsi l'impôt.

Ainsi donc les tribus sahariennes du Maroc et de la Tunisie sont à proprement parler indépendantes. Elles s'abritent à l'occasion sous l'étendard islamite de leurs prétendus souverains pour se dérober à une annexion par les armes que nous aurions pu exiger à la suite des châtiments dont nous punissons leurs déprédations. Mais si S. M. Sehérifienne ou le Bey de Tunis nous laissent libre de les punir de leurs méfaits, ils n'en sont que plus jaloux de conserver leur prétendu droit de suzeraineté, le peu qu'il leur reste d'une autorité nominale qui s'affaiblit tous les jours.

Leur impuissance se fait jour de plus en plus aux yeux des nomades, en raison surtout de notre contact, les nomades savent bien aujourd'hui qu'ils n'ont que nous à craindre, aussi ne se font-ils pas

faute de donner libre carrière à leurs goûts de ra-
pine et de pillage pour lesquels leur foi religieuse
nous désigne comme une proie signalée par le doigt
de Mahomet.

Si les choses se passent ainsi en temps de paix,
lorsque nos relations avec le Maroc et Tunis sont
excellentes, que serait-ce si une rupture avait lieu ?
Si le Maroc excité et peut-être appuyé par une puis-
sance étrangère faisait appel à tous ses fanatiques
et nous jetait sur la frontière, au nom de l'islam, un
flot de hordes guerrières débordant par tous les
passages, au nord, et envahissant tout le sud. Sans
doute elles trouveraient nos bataillons dans le Tell,
mais que deviendrait le chemin de fer trans-saharien sur les cent cinquante lieues de frontières ? Ce
serait pour notre entreprise une catastrophe dont
elle ne se relèverait jamais.

Le chemin de fer trans-saharien doit être une
propriété nationale française qu'il faut mettre à
l'abri des évènements politiques soit probables, soit
possibles. C'est, avant tout, un engin qui veut la
paix, car c'est un engin commercial. N'allons donc
pas de gaîté de cœur le mettre à la merci de ces
événements quand rien ne nous y oblige, quand au
contraire la voie centrale nous assure un trafic plus
rémunérateur, des conditions de construction plus
avantageuses, une brièveté de tracé au moins égale,
et surtout une sécurité complète jusqu'à l'oasis la
plus extrême de nos possessions, El Goléah, à 800 ou
900 kilomètres du littoral et sous le méridien d'Alger, loin des atteintes des états barbaresques voisins.

Outre ces avantages, le tracé central est le seul

qui nous permette de faire participer chacune des trois provinces de l'Algérie au commerce soudanien dans des conditions également avantageuses pour chacune d'elles.

Nous le démontrerons plus loin.

Ainsi donc, en l'adoptant, plus de monopole commercial, mais simplement rivalité entre les trois provinces.

Le tracé central est une garantie puissante de sécurité pour les transactions futures; cette garantie est indispensable, c'est l'âme de la réussite.

On pourra se convaincre, dans le courant de ce travail, que quand même ce tracé n'offrirait pas plus de sécurité que les autres tracés proposés, nous devrions encore l'adopter en raison de toutes les conditions exceptionnelles de réussite qui sont accumulées sur son parcours et qui en font la voie providentielle de pénétration.

Le tracé central n'a à redouter aucun de ces dangers d'insécurité, de maladies, ni même l'inconvénient des moustiques, inhérents aux deux tracés occidental et oriental.

La voie de pénétration centrale n'a pour voisins, jusqu'à 900 kilomètres du littoral, que des tribus ou pays soumis à notre domination. En mettant son point de départ à Laghouat ou à El Maïa, et le dirigeant sur El Goléah, la sécurité la plus complète lui est garantie par nos tribus, par nos postes français de Laghouat et Géryville et par le terrain lui-même. A l'ouest, nous avons les grands sables ou aregs qui sont un obstacle matériel au passage des caravanes dans le sens des parrallèles terrestres;

à l'est, nous avons le grand massif rocheux de la Chebka du M'zab, d'un difficile parcours, au delà duquel toutes les eaux sont occupées par les oasis du M'zab et par Tuggurt, Ouargla, etc. Ainsi, au point de départ, à 400 kilomètres déjà du littoral, nous avons deux postes qui flanquent la voie, et plus au sud, d'un côté un immense obstacle infranchissable, de l'autre un vaste espace où toutes les eaux sont occupées.

Nous arrivons dans ces conditions à El Goléah, c'est-à-dire à un oasis qui nous appartient et nous paie l'impôt, à 800 ou 900 kilomètres du littoral.

A partir d'El Goléah seulement, nous avons à nous préoccuper de la sécurité, en avant de nous.

Mais, à El Goléah même, nous trouvons des éléments précieux de protection eu avant. Nous trouvons là une population nomade qui nous est soumise, les Chambàas, qui dans leurs migrations, gravitent autour de cette oasis où ils emmagasinent leurs provisions. Les Chambàas sont les maîtres du pays jusqu'à Timimoun, l'Aouguerout et même Insalah.

Ce sont des Chambàas qui ont conduit M. Soleillet à Insalah, ce sont eux qui exploreront avec nos ingénieurs le pays en avant, ce sont eux qui garderont et protégeront la voie jusqu'au Touat, si nous en faisons une tribu maghzen, ce à quoi notre intérêt nous appellera. Avec une voie ferrée pour convoi, les Chambàas seront des auxiliaires puissants, toujours reliés à leur base d'opérations, Goléah, et dont la fidélité nous sera garantie par notre présence même à Goléah, au centre de leurs parcours et de leurs intérêts vitaux.

On le voit, le tracé central nous amène en toute
sûreté jusqu'au Touat.

Ainsi, au point de vue simple des périls, du côté
de la frontière marocaine insécurité à partir de 200
kilomètres du littoral, dangers incessants et terribles à partir de 400 kilomètres, fléau des moustiques
sur un long trajet, dans l'Oued Namous, ruine totale
de l'entreprise dans le cas d'une rupture diplomatique avec le Maroc.

Du côté de la frontière tunisienne, insécurité à
partir de 400 kilomètres, insalubrité désastreuse
sur un parcours de plus de deux cent cinquante
hilomètres, inconvénient des moustiques sur 200
kilomètres de longueur, dangers de coureurs tunisiens jusqu'à Ouargla.

Avec le tracé central, sécurité jusqu'au Touat,
salubrité partout complète, points d'appui rappro-
chés de Laghouat et Géryville, et tête de ligne re-
portée au tiers du trajet, à Goléah.

AVANTAGES DU TRACÉ CENTRAL

AU POINT DE VUE DU TRAFIC, DE LA COLONISATION
ET DE LA DOMINATION DU PAYS.

On rendra tout au moins au tracé central cette
justice qu'il ne crée le monopole du trafic trans-
saharien au profit d'aucune des trois provinces,

et que chacune pourra y participer d'une manière équivalente. Chacune des trois provinces, dotée d'un raccordement la reliant avec la voie de pénétration centrale, aura ses tribus du sud traversées par une voie ferrée et sera dans les mêmes conditions de colonisation, d'exploitation des produits sahariens proprement dits, et de trafic avec les régions trans-sahariennes.

Au point de vue des intérêts généraux de l'Algérie entière, le tracé central s'impose nécessairement.

Les récriminations locales intéressées dont la presse de chaque ville s'est fait l'écho, nous donnent dès aujourd'hui la mesure des revendications violentes qui surgiraient si une province quelconque obtenait le privilége d'un tracé exclusif. Ce serait, à notre avis, un crime de lèse-Algérie que d'exclure une ou deux provinces de notre belle colonie, de relations avec le Soudan, pour des considérations de minime importance. Le trans-saharien ne peut pas être uniquement oranais, quoiqu'en dise la presse d'Oran, il ne peut pas être exclusivement constantinois, quoiqu'en disent les feuilles de cette province; il ne peut pas davantage être l'apanage du port d'Alger à l'exclusion des deux autres provinces.

Non seulement il n'en coûtera rien d'en faire une propriété commune aux trois provinces, dans des conditions équivalentes, mais le trafic, la colonisation, et l'établissement de notre domination en Afrique nous en font une loi. Cette loi est servie à merveille par toutes les conditions du sol, du tracé, sécurité, etc..........

Comme trafic, les raccordements au trans-saharien nous assureront dans nos possessions actuelles un mouvement commercial très important au point de vue économique et politique. Combien souvent, faute de récoltes dans une province, les nomades ne vont-ils pas s'approvisionner dans la province voisine, quelquefois même en Tunisie et au Maroc, quitte à payer le hack et tenaïa. Nos raccordements établiront l'équilibre entre la production et la consommation dans le Tell et le petit désert, et si l'on nous objecte que cet équilibre s'établirait par les voies ferrées du littoral, nous répondrons que cela n'empêchera pas les déplacements des tribus allant aux approvisionnements ; or, notre commerce doit tendre à s'enfoncer dans le sud, à aller chercher laines, moutons, chevaux, alfas, tapis, peaux, dattes, etc........ dans les pays de production, et leur porter en échange les grains, les épices, les draps, cotonnades, bougies et tous les articles de consommation dont le sud a besoin.

Le Sahara est le pays à bestiaux par excellence, jusqu'ici nous avons laissé le soin de l'élevage aux arabes. Cet élevage est primitif et sauvage; l'arabe ne pratique pas la sélection. La tonte des moutons s'opère par un procédé cruel, une véritable torture. Nulle précaution d'hygiène pour les troupeaux, nulle prévision pour leurs besoins, pas le moindre égard pour les fatigues à leur imposer comme marche; et, malgré tout, le mouton et la chèvre pullullent.

Comme les nègres au Soudan, les survivants des razzias, des épidémies, des immolations, comblent bien vite les vides. Les brebis sahariennes mettent généralement bas deux fois par an, excepté pendant les années très exceptionnellement mauvaises. La production ne chôme pas, et compense le gaspillage. Nous avons dans le sud un vaste champ d'exploitation pour un élevage intelligent. Nos colons pourront obtenir dans le Sahara, au point de vue des bestiaux, des résultats analogues à ceux qu'ils ont déjà obtenus dans le Tell pour la culture ; il suffira pour cela de quelques aménagements d'eau, de bergeries intelligemment placées pour le rayonnement des troupeaux, de la création de quelques prairies aux points favorisés et ils sont nombreux ; nous aurons bien vite créé une source immense de richesse. Déjà, c'est par centaines de mille moutons que le Sahara approvisionne les marchés de la France. C'est par millions de kilogrammes de laine qu'il alimente nos manufactures. L'établissement de nos raccordements dans le sud accroîtra bien vite, dans une proportion considérable, la production de ces denrées de première nécessité, quand nos colons pourront à l'aise se livrer à l'élevage des bestiaux dans le sud. Au point de vue politique, nous assurons notre domination sur les nomades, en les rendant tributaires des voies ferrées qui iront les alimenter et acheter leurs produits, nous utiliserons leurs bras pour la récolte de l'alfa, notre contact leur servira d'exemple pour l'élève du bétail, et notre présence, tout en les rassurant contre les pillards des états voisins, nous garantit leur précieux concours au besoin.

La voie centrale assure le facile ravitaillement de nos postes du sud Bouçaada, Laghouat, Géryville, par les raccordements des trois provinces, et amènera la création de comptoirs en ces points, où les oasis viendront s'approvisionner. Le Mzab, Ouargla lui-même n'auront qu'un faible trajet à parcourir pour venir à notre voie centrale par Metlili.

Les trois raccordements des trois provinces au

tracé central seront, en même temps qu'une œuvre de justice, un élément de prospérité, de colonisation et de domination, assurant l'avenir de l'Algérie dans cette partie du pays jusqu'ici fort négligée et dont les immenses surfaces seront une source facile de richesse pour notre belle colonie.

Au point de vue de la construction, la voie centrale nous offre bien plus de facilités que les voies occidentale et orientale. Nous allons pour cela examiner successivement chacun des tracés proposés.

La voie occidentale, ou voie oranaise, nous jette en plein Maroc par l'Oued namous; mais l'Oued namous n'est pas facile à atteindre.

Divers tracés vont être étudiés, ou plutôt visités par M. l'ingénieur Pouyanne. Nous connaissons ces divers tracés pour les avoir parcourus, et nous croyons qu'il n'y en a qu'un seul de possible, c'est celui que cet ingénieur n'ira certainement pas visiter à cause des dangers de son parcours, celui par Iche au sud-ouest de Sfissifa.

Ce tracé consiste à aller prendre à partir d'Ain safra la rivière qui de Sfissifa passe par Iche et de là va se jeter dans l'Oued namous. A partir de Sfissifa la rivière d'Iche n'a qu'une pente faible, et deux cols rocheux a traverser entre deux rives escarpées pour déboucher dans les vastes plaines du grand sahara. Sur cette route que nous signalons, on longe une rivière abondante et poissonneuse dont on suit le lit dans une vallée où l'on ne trouve que les deux étranglements rocheux que nous avons mentionnés, l'un au nord et à 4 kilomètres d'Iche, l'autre au sud et à 18 kilomètres environs. Entre les deux cols la vallée est assez large. M. l'Ingénieur en chef des mines

Pouyanne suivra la route qu'il a parcourue déjà avec une colonne, celle de l'Oued namous. Son exploration ne peut avoir à notre avis aucun autre résultat que quelques données scientifiques dont il fera hommage à la commission.

En admettant qu'il puisse aller jusqu'au Gourara au delà de Kerzaz, cela ne nous avancerait pas davantage, car il ne pourra que nous fixer sur la largeur de la zone de dunes que notre voie ferrée aura à franchir sous tunnel parasable.

Le minimum de largeur de cette zone que d'après quelques récits on fixe à 12 kilom. est d'après nos renseignements bien plus considérable, et dépasserait une journée de marche de caravane.

A partir de l'Oued namous, tous les matériaux de construction feront défaut, car le terrain est un lit de rivière traversant une plaine sableuse où la pierre fait absolument défaut.

La traversée du massif de montagnes où se trouvent nos oasis d'Asla, Thyout, Ain sefra, Sfissifa, les deux moghar etc., n'est point chose facile, car la différence d'altitude entre les moghar et Asla, est de plusieurs centaines de mètres. Sfissifa serait peut-être le meilleur point à aller chercher et encore n'est-il abordable que par un col où il serait difficile de racheter la différence de niveau entre les deux vallées que ce passage raccorde. De grandes difficultés de construction seront certainement signalées pour le passage de cette chaîne de montagnes, et ces difficultés s'accroîtront de la traversée des sables dans le voisinage du Gourara.

Le tracé oriental ou voie constantinoise, va chercher Biskra après avoir traversé l'Atlas à une altitude que l'on prétend être moindre que celle du tracé central pour descendre de là à Tuggurt et Ouargla, c'est-à-dire à une altitude de 40 mètres *(cette altitude est celle trouvée par MM. Rocard, ingénieur en chef des mines, et Pomel aujourd'hui sénateur, à la suite d'observations barométriques qui ont duré 15 jours à Ouargla en 1861)*, d'Ouargla le tracé passant ensuite à El Goléah sera obligé de remonter à une altitude de 460 mètres.

En additionnant les deux rampes que notre voie aura à gravir nous aurons un total dépassant 1450 mètres.

Nous ne connaissons pas bien le trajet de Biskra à Tuggurst. Tout ce que nous en savons c'est qu'il n'a rien d'attrayant. Quant au trajet du Tuggurt à Ouargla, nous le savons fiévreux, redouté, dénué de matériaux, encombré de sables qu'il faudra éviter, et d'un aspect désolant. On quittera ces terribles solitudes pour venir à Ouargla s'abreuver d'eau malsaine au milieu des miasmes délétères de ce bas fond étouffant, à travers une nuée de moustiques microscopiques et insupportables, pour y établir la grande gare tête de ligne du grand commerce trans-saharien. On construira la gare avec des briques apportées du Tell, on profitera, pour cela faire, des mois de l'année où l'oasis est habitable.

D'Ouargla à El Goléah le tracé n'offrira pas de grandes difficultés, et à quelques jours de marche d'Ouargla, on pourra trouver quelques matériaux, sur les contre-forts du massif du Mzab. Ce tracé n'aura qu'un seul avantage platonique, celui de desservir Tuggurt et Ouargla. Sa longueur pour arriver à El Goléah sera d'environ 280 kilom. de plus que celle du tracé central, mais en bien plus mauvais terrain.

Le tracé central de Laghouat ou d'El Maïa à El Goléah nous offre de tout autres conditions de brièveté, de facilités de construction et de salubrité. Des vallées parallèles se dirigeant toutes vers l'Oued Ioua qui passe à El Goléah, nous offrent un terrain plat, connu, visité, exempt de sables, bordé de berges rocheuses jusqu'à El Goléah, terrain sur lequel il n'y aura qu'à poser la voie pour arriver sans encombre à ce point.

Si, dès l'origine, nous nous dirigeons sur le raccordement de la province d'Oran pour aller construire la voie de pénétration, c'est-à-dire que si nous partons de Tiaret pour aller à El Maïa, nous avons de moins fortes rampes à franchir pour arriver à El Goléah que par le tracé de la province de Constantine, et surtout que par le tracé occidental dans le passage à travers les deux chaînes nord et sud de l'Atlas.

Un profil en long a été établi par deux officiers des affaires arabes depuis les sources de la Mina jusqu'à El Maïa.

Ces officiers n'ayant aucun moyen pratique de fixer l'altitude de leurs points de départ ont établi un travail sérieux cependant, dans lequel les différences d'altitudes des points parcourus doivent seules être considérées comme exactes.

C'est ainsi que dans l'étude d'une portion de ce tracé nous voyons que le point d' El Maïa est coté 1200, tandis qu'en réalité il n'est que de 945, d'où il suit que la cote du col maximum à franchir qui est coté 1400 doit être réduite à 1155.

Sur l'autre partie du travail la cote des sources de la Mina a été portée 1165, tandis qu'elle est bien inférieure. Le point de raccordement des travaux établis par les deux officiers qui ont ignoré très probablement chacun le travail de l'autre, et qui du reste ne se sont pas rencontrés et ont opéré séparément, diffère de près de 80 mètres.

Cela prouve surabondamment ce que nous affirmons, qu'il n'y a à tenir compte dans chaque travail que des différences de cotes entre elles pour les hauteurs des points notés.

Somme toute, par ce tracé, il n'y aura qu'à monter à une altitude de 1165 mètres et redescendre ensuite à El Goléah à 465 mètres. Notons que le franchissement de la cote la plus élevée a lieu par des pentes qui n'excédent pas cinq millimètres par mètre dans les parties les plus ardues, à partir du Terminus du réseau du Tell, à partir de Tiaret.

Ainsi donc si le chemin de fer de Relizane à Tiaret classé en première ligne dans le réseau algérien comme utilité publique était construit, nous n'aurions pas d'altitude excédant 180 mètres à franchir su un parcours de plus de 300 kilomètres, et ce au moyen de pentes d'un demi centimètre au plus, pour nous trouver à El Maïa à l'altitude de 945^{m}. d'où nous descendrions par une pente uniforme à El Goléah à l'altitude de 460, sur un parcours de 350 kilom. environ.

Tout le trajet jusqu'à El Goléah s'effectuant à une altitude considérable est une garantie de salubrité et du maximum de fraîcheur que nous pouvons espérer et devons chercher dans ce pays du soleil.

Loin de fuir les altitudes élevées nous devons les

rechercher quand elles sont franchissables par des
pentes insignifiantes et nous devons fuir les bas-
fonds qui sont toujours beaucoup plus chauds et mal-
sains.

C'est ainsi qu'en allant d'El Maïa à El Goléah, si
nous pouvons nous tenir sur les berges qui séparent
les différents lits de rivière qui viennent converger
à l'Oued Loua, et si arrivés à l'Oued Loua nous pouvons nous prolonger sur le contrefort rocheux du
Mzab nous ferons bien de préférer ce tracé à celui
des vastes lits de rivière qui quoique très larges et
très plats n'en sont pas moins encaissés et plus à
l'abri de la brise que les berges.

Le tracé par Tiaret ne nous oblige à aucun tunnel
du littoral jusqu'au Soudan, de là la possibilité d'a-
mener sur la voie de pénétration des wagons à impériales.

Ces impériales seraient élevées sur les wagons à
marchandises et blindées pour la défense au besoin.
Ces wagons serviraient à transporter ouvriers et
matériaux pendant la construction, voyageurs et
marchandises pendant le fonctionnement, dans des
conditions de sécurité et d'aération précieuses.

Ce système de wagons surélevés serait le système
de la voie de pénétration, il pourrait être organisé
de manière à transformer le wagon en simple wagon
à marchandises pour les raccordements à tunnels,
par un rabattement des blindages et de la toiture).

Notons que quelques kilomètres avant d'arriver à
El Maïa, le tracé central longe le pied d'une mon-
tagne de sel qui nous fournira à coups de pioche la
principale denrée d'échange avec le Soudan. De

Tiaret à El Maïa, l'eau abonde, le pays est riche en alfa et très peuplé relativement.

La voie de Tiaret à El Maïa est le raccordement proposé par M. Dupouchel de la voie de pénétration trans-saharienne avecla province d'Oran. Sans aucun doute, ce ne doit être qu'une voie de raccordement car nous ne demandons pas de privilège pour la province d'Oran, mais cette voie de raccordement est celle qu'il faut adopter pour aller entamer la construction de la voie de pénétration centrale.

Cette voie de pénétration centrale n'offrirait-elle d'autres avantages que sa sécurité, et les facilités de raccordements avec les trois provinces algériennes qui évitent la création d'un monopole au profit d'une seule d'entre elles, que nous devrions l'adopter.

Cette grande œuvre doit être l'apanage de l'Algérie entière, et doit être garantie dans toutes les limites du possible contre les éventualités de nos relations politiques avec nos voisins du Maroc et de la Tunisie.

La voie marocaine exclusivement oranaise nous semble condamnée sans rémission; elle réunit à elle seule tous les dangers, tous les inconvénients, tout l'égoïsme, tous les vices de construction, et tout l'inconnu, que les ennemis du trans-saharien puissent souhaiter à cette entreprise. Elle n'aurait qu'un seul avantage, celui de gagner 50 kilomètres de longueur sur la voie centrale, et encore ce n'est pas démontré, car rien ne prouve qu'il sera facile d'aller chercher l'Oued Namous, la rivière aux moustiques.

La voie orientale nous semble également condamnée par son insécurité, son insalubrité, sa longueur, son exclusivisme par rapport aux provinces de Constantine et d'Alger ; ensuite, ce serait une flagrante injustice pour la province d'Oran.

Son insalubrité est une condition de rejet dont on nous semble ne pas tenir assez compte. Parmi les grands dangers que doivent prévoir les explorateurs dans l'Afrique centrale, l'insalubrité des pays qu'ils vont visiter est un des plus terribles avec lesquels ils comptent. Les parages de Tuggurt et d'Ouargla défient comme insalubrité tous les plus mauvais de l'Afrique centrale. L'on a parlé d'assainissement d'Ouargla et du Tuggurt, l'assainissement n'est possible que par la végétation, et si ses 1800 mille palmiers n'ont pas assaini Ouargla, ce ne sont pas quelques arbres de plus qui donneront ce résultat, pas plus que la vidange de quelques fossés, ou leur comblement. N'allons pas chercher dans notre voisinage les maladies que nous chercherons à éviter en arrivant au Soudan.

La voie orientale, nous objectera-t-on, a pour but d'éviter Goléah et le Touat et de s'enfoncer dans le vide et l'inconnu jusqu'au Soudan, et c'est pour chercher ce vide et cet inconnu que nous la préférons.

Cette objection a été faite sérieusement à deux ou trois reprises au sein d'une sous-commission. Cette recherche du vide et de l'inconnu n'a d'autre but que l'isolement de la voie des populations du Touat de toute attache sur le parcours. Les auteurs de l'objection semblent vouloir que la voie ferrée cherche à passer incognito.

Nous avons déjà maintes fois répondu à cette idée préconçue de fuir les grands centres de populations tels que le Touat, où nous trouvons 320 oasis et

250,000 âmes d'une population sédentaire.

Ces oasis commerçantes, encadrées au milieu des populations nomades, qui ont la majeure partie de leurs intérêts liés à leurs palmiers et à leurs murailles, sont pour ces nomades des coffres-forts et des greniers d'emmagasinement.

Nous ne nous arrêterons pas à réfuter les arguments des partisans de la voie dans le vide.

L'instinct commercial du Touat, ses intérêts vitaux lui feront bien vite une loi de devenir notre plus fidèle allié, notre sociétaire le plus dévoué.

Que nous évitions d'aller à lui en passant à sa proximité, à El Goliah seulement, et le Touat viendra à nous par la force des choses, et avant dix ans nous demandera un tracé le reliant à notre voie de pénétration au Soudan, parce qu'avant dix ans il aura compris que notre voie ferrée n'est qu'une voie commerciale et qu'il voudra en profiter, lui qui ne vit et ne commerce que par le Soudan et le Tell.

La voie centrale concilie tous les intérêts des trois provinces, et seule elle a cet avantage. Seule elle nous mène en sécurité jusqu'à El Goléah, l'oasis la plus lointaine de nos possessions et placée exactement sous le méridien d'Alger.

D'El Goléah elle nous conduit au Niger par la direction soit de Témassanin, soit du Touat, soit du Tidikelt, et ne préjuge en rien le tracé au-delà.

Seule, elle nous offre une rampe douce pour traverser l'Atlas sans tunnel et le redescendre jusqu'à El Goléah en nous maintenant à une altitude moyenne qui nous garantit des inconvénients et des maladies inhérents aux faibles altitudes dans le Sahara.

Sa construction n'offre aucune difficulté puisque nous n'aurons aucun tunnel du littoral jusqu'au Soudan par le raccordement sur Tiaret, et que les matériaux de construction existent sur tout le parcours jusqu'à Goléah.

Le tracé central nous fait aboutir le plus brièvement possible et dans les meilleures conditions à la seule oasis riche en eau salubre et à une altitude relativement élevée, où nous avons toutes les facilités pour établir une grande gare d'approvisionnements, une base d'opération excellente pour la construction en avant.

Nous attendons donc avec confiance le résultat des études qui vont avoir lieu, études qui ne pourront que confirmer ce que nous avançons.

Nous avons démontré, dans un autre travail, que si le tracé central était admis pour la voie de pénétration, la voie de raccordement la plus urgente à construire, celle qui nous permettra d'arriver le plus vite à El Goléah, est la ligne de raccordement de Tiaret.

La ligne de Relizane à Tiaret, classée en première ligne dans le réseau algérien et qui doit donner satisfaction à des intérêts de premier ordre, est réclamée à grands cris par les vœux des populations qu'elle doit desservir. Si cette voie était construite, non seulement on ferait droit à des réclamations très justifiées, mais nous n'aurions plus de difficultés pour la construction de la voie de raccordement de la province d'Oran.

La voie de Relizane à Tiaret tant demandée créera
un commerce considérable entre ce poste frontière
du Tell et le littoral, commerce bien autrement important que celui qui se créera de Biskra au littoral.

Une fois à Tiaret, le trans-saharien n'aura presque aucun travail à faire pour arriver jusqu'à El
Goléah , puisque nous n'aurons plus à franchir
qu'une altitude n'excédant pas 200 mètres et dont
la rampe pourra se développer sur 40 ou 50 kilomètres.

En ce moment des études locales ont lieu en
Algérie, et on pourra nous objecter que nos observations sont prématurées et devront être présentées
lorsque le résultat de ces études sera bien connu.

Nous ne sommes pas de cet avis, parce qu'il nous
semble que jusqu'ici la commission, composée d'un
grand nombre d'ingénieurs, n'a traité la question
du trans-saharien qu'au point de vue d'une techni-
cité étroite, limitée au facilités ou difficultés de la
construction sur le terrain.

Bien d'autres éléments doivent entrer en ligne
pour fixer 'e choix du tracé, choix qui ne peut dé-
pendre uniquement du résultat des études qui ont
lieu en ce moment. Ces études nous fixeront sur
le rapport des difficultés de construction de chaque
tracé, sur les avantages et inconvénients que le
terrain offrira à l'ingénieur dans chacun d'eux.
Mais tout n'est pas là, c'est un simple coéfficient qui
n'a même pas une bien grande valeur à côté de
certains autres d'un ordre élevé, et nous tenons à
nous prémunir contre une décision qu'on semble
vouloir lier aux résultats techniques que les groupes
d'études locales fourniront.

La question commerciale n'a été qu'ébauchée, et on semble peu se préoccuper de répartir, d'une manière équivalente entre les trois provinces, les facilités de transaction avec le Soudan.

Cette répartition équivalente est cependant indispensable afin de donner au commerce soudanien l'Algérie entière comme débouché et transit de ses produits.

La chambre de commerce d'Alger a émis à ce sujet un avis motivé très judicieux dans le rapport du 16 août dernier qu'elle a adressé à la commission supérieure. C'est un avis dont il y a lieu de tenir grand compte.

Nous partageons entièrement l'opinion de la chambre de commerce d'Alger en faveur du tracé central, toutefois les difficultés techniques de construction du raccordement d'Alger à Laghouat devant occasionner une perte de temps considérable avant d'aboutir à la voie de pénétration, nous pensons que l'on doit aller chercher à construire cette voie par le raccordement le plus court, celui d'El Maïa à Tiaret.

Ce qu'il faut, c'est aborder au plus tôt la voie de pénétration, et pour cela prendre le chemin le plus court et le plus facile qui nous y mène.

Nous concluons en disant qu'à moins d'impossibilité absolue, la voie de pénétration doit être centrale.

Les raisons majeures qui en font une loi sont : la sécurité du fonctionnement, la nécessité de faire participer les trois provinces de l'Algérie au trafic avec le Soudan, et de doter chacune d'elles d'un embranchement desservant les populations nomades de son sud.

Nous avons démontré que le tracé central offre seul ces conditions cherchées, de sécurité et d'absence de monopole commercial. Nous avons démontré que ce tracé central est plus facile à construire, offre les conditions de salubrité les meilleures possibles sur le parcours ; qu'il crée à chaque province des relations commerciales avec ses tribus sahariennes dans une égale proportion, ainsi qu'avec le Soudan ; il relie les trois provinces par un réseau stratégique et commercial d'une grande importance, c'est la voie rationnelle et vraiment nationale que l'Algérie entière a le droit et le devoir de demander.

Le tracé de Tiaret, El Maïa, Goléah, *peu connu*, a soulevé à Oran et Constantine des objections aventurées qui n'ont fait que confirmer en nous le regret que ses détracteurs ne l'aient pas parcouru. Ils se seraient évité ainsi bien des assertions que la vue du terrain leur aurait interdit d'émettre.

RÉSUMÉ.

La voie centrale réunit toutes les conditions primordiales de sécurité, salubrité, brièveté, trafic, et facilités de construction. Mais de plus, par ses raccordements, la voie centrale dessert toutes les grandes tribus nomades du sud algérien, presque toutes nos oasis ; elle nous livre tous les alfas de la colonie entière, et double la surface colonisable de notre Algérie, sans rien perdre des avantages partiels soit du tracé oriental, soit du tracé occidental.

En effet, l'arrivée du rail-way central à El Goléah dans les magnifiques conditions que nous signalons, nous permet d'établir en ce point exceptionnellement privilégié, comme position, salubrité et richesse d'eau, un grand chantier d'approvisionnements nous servant de base d'opération, que nous voulions ensuite aller gagner le Touat, Insalah, ou bien aller chercher la route d'Amadghor.

· C'est là un avantage colossal, que de pouvoir réserver sûrement le tracé ultérieur de la voie de pénétration, soit suivant les désiderata oranais ou ceux de la province de Constantine, tout en assurant aux trois provinces un développement colonial et commercial d'une immense valeur.

Goléah est un point obligé, c'est indiscutable ; la presse constantinoise et algérienne en convient, seuls les oranais se refusent à l'évidence pour des raisons que nous n'avons pas à qualifier, mais qui, tout en compromettant la réussite de l'œuvre, créeraient un monopole au port unique d'Oran au détriment de tout le reste du littoral, et de notre colonisation dans le sud.

A moins donc de raisons très majeures que rien ne peut faire prévoir, la voie centrale doit être adoptée comme voie de pénétration, et pour la construire, le plus court chemin consiste à partir de Tiaret pour aller à El Maïa.

Pour cela, la voie de Relizane-Tiaret classée première ligne doit être créée au plus vite ; si cette voie, répondant à des intérêts de premier ordre et vivement réclamée par les populations, fonctionnait déjà, toute notre argumentation serait inutile, parce que le tracé que nous proposons s'imposerait tout seul aux moins clairvoyants.

Des études de détails ont lieu en ce moment pour la construction, que l'on dit future, du chemin de fer de Mostaganem à Tiaret.

C'est d'un bon augure pour le trans-saharien central : toutefois nous n'ajouterons qu'un avis, c'est que la voie étudiée en ce moment soit d'une largeur de 1 mètre 45 qui paraît devoir être celle de la future voie de pénétration soudanienne.

Langres, Imp. de E. L'HUILLIER.

CHEMINS DE FER ALGÉRIENS.
Projet du tracé central du Trans-saharien par la C.ie Colonieu.

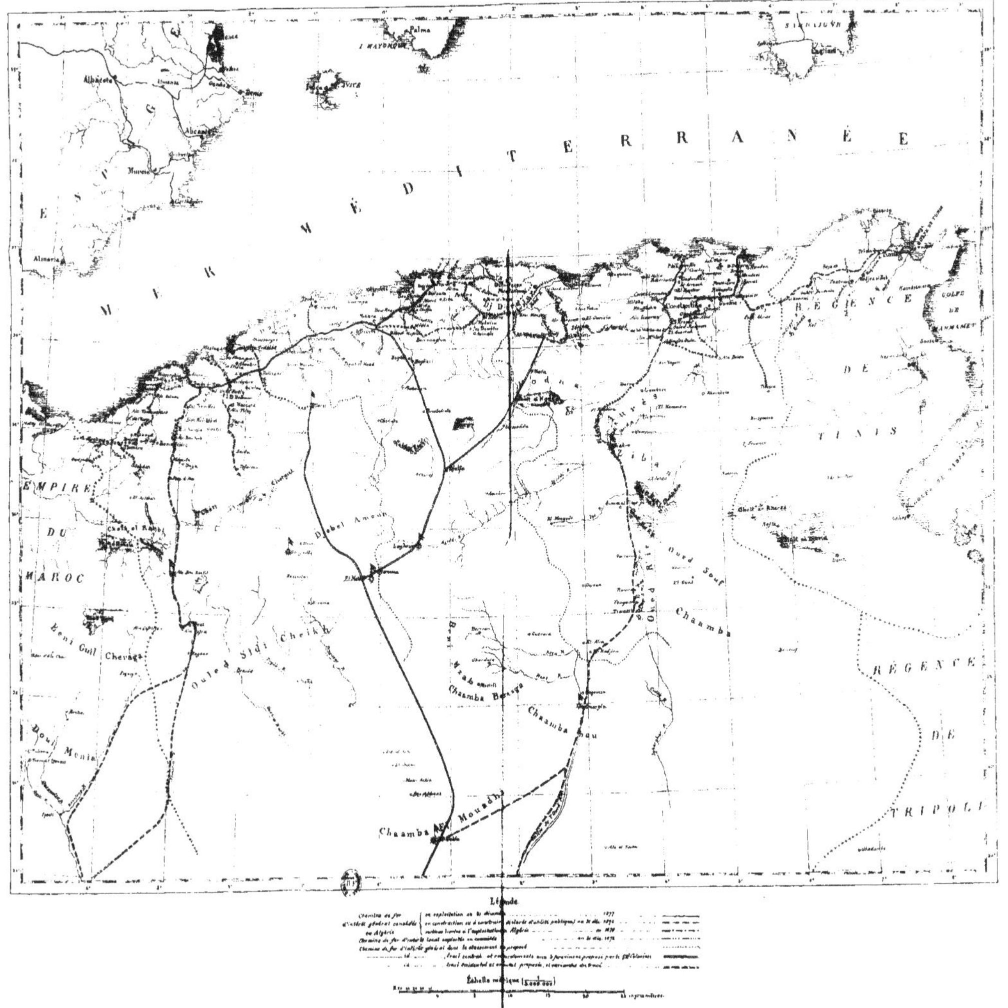

MER MÉDITERRANÉE
ESPAGNE
EMPIRE DU MAROC
RÉGENCE DE TUNIS
RÉGENCE DE TRIPOLI
Légende
Échelle métrique